GESTIÓN EFICIENTE DE RECURSOS DIAGNÓSTICOS EN UNA CONSULTA DE HEPATOPATÍA

GESTIÓN EFICIENTE DE RECURSOS DIAGNÓSTICOS EN UNA CONSULTA DE HEPATOPATÍA

Fernando Manuel Jiménez Macías

Médico adjunto Aparato Digestivo

Complejo Hospitalario Universitario de Huelva
(España)

Lulu.com
2016

Título original: Gestión eficiente de recursos diagnósticos en una consulta de hepatopatía.

Copyright © 2016 by Fernando Manuel Jiménez Macías

All rights reserved. This book or any portion thereof may not be reproduced or used in any manner whatsoever without the express written permission of the publisher except for the use of brief quotations in a book review or scholarly journal.

First Printing: Enero 2016

ISBN: 978-1-326-63577-0

Lulu.com
Huelva, Andalucia, España (Spain)

ferjimenez2@gmail.com

Dedicatoria

A todos aquellos que me apoyaron
y me animaron a llegar a ser lo que soy.

A mi mujer, que me dio los dos hijos
tan lindos que tengo
y llenarme de ilusión cada día.

A mis queridos padres, a los que estaré eternamente
agradecido y les debo todo lo que hoy en día soy.

Contenido

Agradecimientos xi

Prefacio xv

Introducción 1

Capítulo 1: Objetivos 16

Capítulo 2: Anamnesis básica 18

Capítulo 3: Bateria diagnóstica básica y opcional 20

Capítulo 4: Bateria diagnóstica en 2ª visita 22

Capítulo 5: Bateria diagnóstica 3º visita 25

Capítulo 6: Ecografía de abdomen en hepatopatia 26

Capítulo 7: Revisión preferente de hepatópatas 28

Capítulo 8: Revisión no preferente (más 6 meses) 31

Capítulo 9: Protocolo diagnóstico hepatocarcinoma .. 33

Capítulo 10: Quimioembolización hepática 39

Capítulo 11: Protocolo enfermedad Wilson 41

Capítulo 12: Protocolo diagnóstico Hemocromatosis . 46

Capítulo 13: Protocolo cirrosis hepática 51

Capítulo 14: Protocolo reactivación del virus hepatitis B...54

Notas..55

Agradecimientos

Muchas gracias a mi mujer Isabel María y mis dos hijos, Fernando e Isabel, por haber cambiado mi vida, llenándola de felicidad y amor. A mi jefe de unidad, Dr. Manuel Ramos Lora. A mis compañeros y amigos del Laboratorio de Biología Molecular, Luís Galisteo y Fátima Barrero, así como cada uno de los miembros de la Unidad de Gestión Clínica de Aparato Digestivo del Complejo Hospitalario de Huelva.

Prefacio

Actualmente la gestión de los recursos diagnósticos en el sistema sanitario publico es una faceta que cada vez está teniendo más protagonismo, debido a que se está tendiendo a monitorizar cada vez más el consumo de recursos diagnósticos empleados por el personal facultativo de los centros hospitalarios. De hecho, en los países desarrollados como España, se están informatizando cualquier solicitud de laboratorio u otras pruebas como las radiológicas, de forma que cada vez los facultativos van a tener que justificar de forma lo más razonada posible la indicación de cualquiera de estas pruebas.

El cumplimiento de los diferentes objetivos acordados para las Unidades de Gestión de Hepatologia es la base de la política de incentivación del personal facultativo y condiciona el desarrollo de protocolos diagnósticos que deben estar basados en la evidencia científica y en criterios de costo-eficiencia.

Por ello, es muy importante que en cualquier Unidad de Gestión Clínica de Hepatología, existan protocolos diagnósticos basados en baterias de pruebas analíticas escalonadas, que sean solicitadas en función de una sospecha diagnostica sólida que la justifique.

Dr. Fernando M. Jiménez Macías

Introducción

Partiendo del hecho de que cuando tenemos en la consulta a un paciente con una hipertransaminasemia, colostasis disociada y/o una elevación de la bilirrubina total, o bien, porque es remitido a nuestra consulta de Hepatologia por haberse encontrado como hallazgo incidental la presencia de una lesion ocupante de espacio (LOE), no es posible solicitar de forma indiscriminada y sin justificación de base, he desarrollado este manual, con objeto de que sirva de guía a hepatólogos noveles para que soliciteis de forma razonada y escalonada la bateria diagnostica más apropiada a cada caso, empleando criterios de costo-eficiencia y una praxis basada en la evidencia científica.

En él vamos a establecer de forma cronológica, cúal debe ser la bateria diagnostica básica inicial que se debe solicitar a un potencial hepatópata, qué parámetros deben de ser solicitados en caso de positividad o negatividad de los parámetros iniciales. También se tratan capítulos en los que se establecen las situaciones que deben ser monitorizadas estrechamente con revisiones preferentes y cuales de ellas, pueden ser revisadas con intervalos más amplios (cada 6-12 meses como mínimo).

También se contemplan capítulos sobre patologias como la hemocromatosis hereditaria, enfermedad de Wilson, con sus correspondientes protocolos, así como el manejo diagnostico del hepatocarcinoma y protocol diagnostico de pacientes que van a ser sometidos a quimioembolización hepática de LOE hepaticas.

Dr. Fernando M. Jiménez Macías

Capítulo 1: Objetivos

OBJETIVOS DEL DOCUMENTO

1. Reducir consumo de recursos analíticos empleados para diagnóstico inicial de posibles patologías hepáticas como hepatitis virales, autoinmunes, Wilson, hepatotoxicidad, sd. Metabólico, alcohol.

2. Monitorización costo-eficiente de pacientes con hepatitis crónicas por VHC con indicación de terapia antiviral basada en interferón/Ribavirina o libre de interferón con Ribavirina.

3. Monitorización costo-eficiente de pacientes con hepatitis crónica por VHC con indicación de terapia antiviral libre de IFN y de Ribavirina.

4. Gestión costo-eficiente de recursos diagnósticos en pacientes con cirrosis hepática compensada.

5. Gestión costo-eficiente de recursos diagnósticos en pacientes con cirrosis hepática descompensados.

6. Gestión costo-eficiente de recursos diagnósticos en pacientes con hepatocarcinoma.

7. Gestión costo-eficiente vacunación hepatitis A.

8. Gestión costo-eficiente vacunación hepatitis B.

9. Gestión costo-eficiente de Prevenar y Gripe.

Capítulo 2: Anamnesis básica

RECOGER EN HISTORIA CLÍNICA:

- Consumo alcohol (ocasional / fin de semana/ enolismo severo): indicar deje de beber por completo y de forma indefinida.
- Fármacos potencialmente hepatotóxicos:
  a) Hipotensores IECA (enalapril, captopril): si tras estudio todo normal, valorar sustituir por betabloqueantes o antagonista calcio.
  b) Hipolipemiantes (atorvastatina, simvastatinas, lovastatina, etc): si tras estudio normal, valorar suspensión al menos 3 meses con control MAP de bioquímica hepática por si mejora).
- Obesidad: pierda 8-10% peso basal (6-8 kg en 6 meses al menos). Ejercicio físico y dieta sin grasas (frutas, verduras y pescado azul). Control peso mensual en el mismo peso y traer registro en papel.
- Diabetes mellitus: reducir ingesta de pan y pico, andar o ejercicio a diario y control de glucemia por su MAP si glucemia > 120 mg/dl en ayunas. Traer registro glucemia.

Capítulo 3: Batería diagnóstica básica y opcional

1º BATERIA BÁSICA (alteración bioquímica hepática).
Se solicitarán los siguientes parámetros:

- Bioquimica básica (urea, creatinina, sodio, potasio, glucosa) y hepática completa (GOT, GPT, GGT, FA, Bilirrubina total).
- Hemograma y coagulación (sólo TP).
- Alfafetoproteina (AFP si sospecha cirrótico, hepatocarcinoma o sd. Constitucional).
- Albúmina (si es cirrótico o hepatocarcinoma).
- Serología VHB (AgHBs, anti-HBs): sólo anti-HBc-IgM si hepatitis aguda (marcada elevación transaminasas en analítica de MAP).
- Serología VHC (anti-VHC): ex-ADVP o ADVI, transfusiones, tatuajes.

PARÁMETROS OPCIONALES EN 1ª VISITA:

A) Si paciente con < 40 años, fiebre, vómitos, nauseas o diarrea, lesiones cutáneas o consumo moluscos o agua contaminda: añadir anti-VHA.
B) Si leucopenia, homosexualidad, antec. Enf. Transmisión sexual (ETS), anti-VHC o AgHBs positivos, promiscuidad sexual: añadir anti-VIH.
C) Si exoftalmos, taquicardia, obesidad troncular con estreñimiento, AF de patología tiroidea: añadir TSH y T4 libre.
D) Si aporta anti-VHC (+): añadir RNA-VHC para confirmarlo.
E) Si aporta AgHBs (+): añadir anti-HBc-IgM, AgHBe, DNA-VHB, anti-VH delta.
F) Si enolismo: añadir a batería básica: IgA, ferritina, IST.

Capítulo 4: Batería diagnóstica en 2ª visita

PARÁMETROS ANALÍTICOS OPCIONALES EN 2ª VISITA:

a) **Si alcohol:** Batería básica + ferritina, IST, IgA. CITAR 6 MESES.
b) **Si fármacos potencialmente hepatotóxicos:** Batería básica. CITAR en 6 meses para ver si mejora bioquímica al suspenderlos.
c) **Obesidad:** comprobar pérdida peso. Batería básica + perfil lipídico (colesterol y triglicéridos). CITAR 6-9 MESES.
d) **Diabetes:** Batería básica + Hb glicada. CITAR 6-9 MESES.
e) **Si se confirma hipertransaminasemia:** pedir autoinmunidad de hepatolisis (ANA, ASMA). Anti-LKM si es joven.
f) **Si AF de hemocromatosis hereditaria o batería básica normal:** pedir ferritina, índice de saturación transferrina (IST), además de básica sin serología viral.
g) **Si se confirma colostasis disociada +/- elevación bilirrubina:** pedir autoinmunidad de colostasis (AMA, ANCA, ANA).
h) **Si diarrea /estreñimiento /sd. Malabsorción:** añadir anticuerpos transglutaminasa, IgA.
i) **Si es EPOC (asma, neumonías repetición):** añadir alfa-1-antitripsina.
j) **Si paciente < 45 años con alteraciones neurológicas, psiquiátricas:** añadir ceruloplasmina.
k) **Si se confirma AgHBs:** solicitar:
   - **Anti-HBs, AgHbe, DNA-VHB, anti-VHdelta.**
   - **Fibroscan:** registrar en base Excel de intranet hospital (teléfono paciente).

Gestión eficiente de recursos diagnósticos en una consulta de Hepatología

l) **Si se confirma RNA-VHC (+):** solicitar:
- **Genotipo IL-28B:** si es F0-F2 no tratado previamente que acepta tratamiento con interferón.
- **Mutación Q80K:** sólo si es genotipo 1a, que vaya a ser tratado con combinación antiviral que incluya SIMEPREVIR.
- **Fibroscan:** incluir en registro de Excel de intranet (añadir teléfono).
- **Crioglobulinas séricas:** pedir sólo si parestesias, neuropatías, lesiones cutáneas en MMII, insuficiencia renal.
- **Porfirias en sangre y orina 24 h:** pedir si dolor abdominal, lesiones cutáneas fotosensibles en zonas expuestas.
- **Si es obeso, cardiópata isquémico:** añadir HOMA. Si valor > 4: manifestación extrahepática del VHC (indicación terapia antiviral).
- **Si diabético:** añadir Hb glicada, microalbuminuria 24 h y HOMA: si respectivamente es > 8% con dieta adecuada, proteinuria patológica o HOMA > 4 (considerar manifestación extrahepáticas VHC). Valorar indicación antiviral.

m) **Gestante con AgHBs (+):** pedir DNA-VHB. CITAR especialmente final 2º trimestre y principios del 3º trimestre gestación.

n) **Si anemia, leucopenia o plaquetopenia en hemograma en ausencia de cirrosis:** añadir proteinograma y/o frotis SP (descartar gammapatía monoclonal o sd. Linfo/mieloproliferativo). Valorar Hoja de consulta a Hematología.

o) **Si ceruloplasmina baja (< 20):** solicitar ceruloplasmina otra vez, cupremia, cobre orina 24 horas, hoja de consulta a Oftalmología (descartar anillo Kayser-Fletcher), Hoja de consulta a Neurología (si manifestación neurológicas) y Hoja de consulta a Psiquiatría (si depresión, ansiedad o brote psicótico en adolescencia).

p) **Si ferritina <1000 y/o IST > 45%:** pedir estudio genético hemocromatosis (mutación gen HFE al Hospital San Cecilio) + firma consentimiento genético. Ecografía abdomen anual.

q) **Si ferritina > 1000 y/o IST> 45%:** pedir estudio genético HFE + Fibroscan (delgado) o biopsia hepática (obeso). Ecografía SEMESTRAL (riesgo cirrosis hepática, sobre todo si signos de HTPortal).

Capítulo 5: Batería diagnostica 3ª visita

PARÁMETROS OPCIONALES (3ª VISITA):

- Si positividad autoanticuerpos (ANA, ASMA, ANCA, AMA): solicitar parámetros para hacer score HAI (Ig G, anti-LC-1, anti-SLA/LP, ANCA si no se hubiera pedido). Opciones:

  a) **Si score HAI > 10 puntos + alteración bioquímica hepática:** *biopsia hepática percutánea* (ausencia de plaquetopenia < 70000 y/o TP > 1,4 seg) o iniciar tratamiento con *prednisona empírica (F4) o Budesonida 9 mg/día (F0-F3)* sin biopsia hepática (solicitar Tiopurina Metil transferasa o TPMT): iniciar después Imurel. Si descompensado (Child-Pugh > A5): ingresar. **CITAR en 3 MESES.**

  b) **Si score HAI < 10 puntos + bioquímica hepática normal:** seguimiento cada 6 MESES.

  c) **Si score HAI > 10 puntos + bioquímica hepática normal:** biopsia hepática y CITAR en 6 meses.

FM Jiménez Macías

Capítulo 6: Ecografía de abdomen en hepatopatía

- Si en ecografía abdomen:
  a) **Esteatosis hepática sin otra alteración analítica y eco sin datos de hepatopatía crónica (HTPortal, esplenomegalia, ascitis):** perder peso, ejercicio físico, dieta sin grasas. ALTA con control por su médico (perder 8-10% peso basal).
  b) **Esteatosis hepática con alteración bioquímica hepática + datos ecográficos de evolución enfermedad hepática:** pedir Fibroscan (delgado) o biopsia hepática (obeso) para grado fibrosis hepática. Si Fibroscan < 7,5 Kpa o biopsia F0-F1 ALTA y control peso por su MAP. Si Fibroscan >7,5 KPa o biopsia ≥ F2-F3: cita ANUAL. Si F4 control SEMESTRAL.
  c) **Si hipertensión portal o ascitis:** pedir Endoscopia oral y Fibroscan. Ecografía abdomen semestral. CITAR SEMESTRAL. Pedir ECG, medir pulsaciones y valorar tratamiento con Sumial a dosis bajas (40 mg/24 horas). Próxima visita si todo bien intentar aumentar a 40 mg/12 horas.
  d) **Si LOE/s hepática/s:** pedir TAC trifásico abdomen C/C (firme consentimiento informado de contrastes iv) muy preferente en 1 mes. Si alérgico a contrastes yodados (RMN con gadolinio) y/o ecografía con potenciador (Dra. C Contreras en rayos del HJRJ). **CITAR MÁXIMO 3 MESES.**

Capítulo 7: Revisión preferente de hepatópetos

REVISIONES MÉDICAS ANTES DE LOS 6 MESES:

2. **Hemocromatosis con flebotomías en Hospital Dia:** 2 Flebotomias/mes de 500 ml de sangre completa mensual con hemograma cada 2 flebotomías (solo hemograma para ver si se anemiza rápidamente). Citar 3-4 MESES. Vacunar hepatitis B si serología VHB (0-1-6 meses) (-) y de hepatitis A si < 45 años.

3. **LOEs hepáticas:** CITAR 2-3 MESES MÁXIMO. Libro de Registro de pacientes con LOES hepáticas para mejor control. Valorar si precisa RMN o PAAF de LOE. Presentar siempre en sesión jueves multidisciplinaria. Vacunar hepatitis B si serología VHB (0-1-6 meses) (-) y de hepatitis A si < 45 años.

4. **Hepatitis crónica autoinmune en tratamiento Budesonida o Prednisona:** CITAR TRIMESTRALMENTE para control dosis y efectos 2°. Contro TA por su MAP, glucemia, Hb glicada y al año densitometria osea. Vacunar hepatitis B si serología VHB (0-1-6 meses) (-) y de hepatitis A si < 45 años.

5. **Hepatitis crónica autoinmune descompensada o con Imurel iniciando:** CITA EN 1 MES con hemograma mensual. Vacunar hepatitis B si serología VHB (0-1-6 meses) (-) y de hepatitis A si < 45 años.

6. **Cirrosis hepática de cualquier etiologia descompensada (Child > A5) con ascitis y/o edemas, Hospital de Dia con paracentesis evacuadoras, iniciando sumial por HDA variceal:** Valorar propuesta de TOH si no contraindicación, Vacunar hepatitis B si serología VHB (0-1-6 meses) (-) y de hepatitis A si < 45 años.

CITAR en 1-3 MESES PARA:
a) **Control cumplimiento dieta sin sal, dosis diuréticos:** pedir bateria básica con albumina para calculo Child evolutivo y creatinina (descartar deterioro función renal).
b) **Control dosis betabloqueantes:** pedir ECG, control Fc y TA por su MAP, control pulso en consulta para ver si aumentamos dosis sumial. Ver bioquímica básica y que está haciendo correctamente programa de LEVE/EVE.

7. **Tratamiento antiviral VHC con Ribavirina**(con interferon o sin): Dar 2 solicitudes de hemograma:1º a los 15 dias (citar en 1 mes) y 2º a los 3 meses (fin de tratamiento). Citar sucesivamente según grado anemia. Si va todo bien y no se anemiza CITAR A LOS 3 meses de finalizar terapia libre de IFN y si es con interferón debe citarse al menos mensual.

8. **Paciente hematológico con esteroides y/o Rituximab con anti-HBc (+)**: citar CADA 6 MESES con transas, DNA-VHB y AgHBs, antiHBs que se hará trimestralmente (ANALITICA TRIMESTRAL). Vacunar si serología VHB negativa y confirmar títulos antiHBs tras vacuna > 10-100 UI/ml.

9. **Paciente hematológico con esteroides y/o Rituximab con AgHBs (+) y/o DNA-VHB (+)**: control bimensual de AgHBs, DNA-VHB y transas. CITAR cada 3 MESES. Valorar iniciar tratamiento antiviral Tenofovir/Entecavir 1 semana antes de terapia hematológica. VACUNAR HEPATITIS A en centro salud si < 45 años.

10. **Embarazada con AgHBs (+) y DNA-VHB**: control estrecho trimestral durante gestación (CITAR CADA 2-3 MESES), con AgHBs y DNA-VHB, especialmente en 3º trimestre. Si viremia muy elevada indicar tratamiento antiviral con Tenofovir (grado B riesgo).

10. **Colangitis de repetición en CEP**: CITAR CADA 3 MESES con analítica, colangio-RMN anual, propuesta de TOH y valorar antibioterapia profiláctica de colangitis con cipro o amoxiclavulanico durante 5 días cada mes. AUC a dosis 15-17 mg/kg/dia. Densitometria bianual. Vacunar hepatitis B si serología VHB (0-1-6 meses) (-) y de hepatitis A si < 45 años.

Capítulo 8: Revisión no preferente (> 6 meses)

1. **Cirrosis hepática compensada (Child-Pugh A5):** batería básica cada 6 meses + ecografía abdomen semestral. Vacunar hepatitis B si serología VHB (0-1-6 meses) (-) y de hepatitis A si < 45 años.

2. **Hepatitis crónica autoinmune no cirrótica con Imurel y/o esteroides a dosis bajas con bioquímica hepática normal:** batería básica + ecografía abdomen anual + Ig G, densitometría ósea (si esteroides bianual). Vacunar hepatitis B si serología VHB (0-1-6 meses) (-) y de hepatitis A si < 45 años.

3. **Wilson no cirrótico diagnosticado ya, con D-penicilamina o Wilzin con bioquímica hepática normal:** batería básica + cupremia + cobre orina o zinc orina 24 horas (semestral), ecografía abdomen anual. Vacunar hepatitis B si serología VHB (0-1-6 meses) (-) y de hepatitis A si < 45 años.

4. **Hemocromatosis confirmada no cirrótico con bioquímica hepática normal y ferritina < 150:** CITAR ANUAL con batería básica sin serología + ecografía abdomen anual. Vacunar hepatitis B si serología VHB (0-1-6 meses) (-) y de hepatitis A si < 45 años.

5. **Portador VHB con transa normales y DNA-VHB detectable:** su médico cabecera transaminasas trimestrales. CITAR 6 MESES con AgHBs, antiHBs, DNA-VHB semestral y transas. Eco anual. Vacunar de hepatitis A si < 45 años.

6. **Portador VHB con transaminasas normales y DNA-VHB negativo:** su medico de cabecera transaminasas semestrales. Remitir si se elevan. CITAR ANUAL con AgHBs, antiHBs, DNA-VHB y eco anual. Vacunar hepatitis A si < 45 años.

7. **VHC (+) + F0-F1 en fibroscan:** CITAR 1 AÑO con básica con RNA-VHC, bioquímica hepática y eco anual. Vacunar hepatitis A+ B en centro de salud (dar p-10 y registrar).

8. **VHC (+) F2-F4:** tratar con antivirales libre de IFN.
   1. **VHC (+) en mujer en edad fértil con deseo de bebe:** tratar con antivirales libre IFN o IFN.
   2. **Tratamientos antivirales libre de interferón sin Ribavirina:** Bioquímica hepática + RNA-VHC al mes. No hacer RNA-VHC al final de tratamiento (sólo a los 3 meses post-tratamiento libre IFN). CITAR EN NO CIRRÓTICOS A LOS 7 MESES DE INICIADO. Dar teléfono consulta para que llamen si problemas. Cirróticos compensados (CHILD-A5) CITAR SEMESTRALMENTE con RNA-

VHC a los 3 meses post-tratamiento. (generalmente 3 meses de terapia antiviral libre IFN y 3 meses para ver si RVS12).

9. **CBP con AUC con bioquímica hepática normal no cirrótico:** CITA ANUAL con batería básica sin serología viral, ecografía anual y densitometria bianual. Vacunar hepatitis B y A (si < 45 años).

1. **Colangitis esclerosante 1º sin colangitis agudas y ausencia de elevación bilirrubina:** CITA ANUAL con batería básica sin serología, ecografía anual, densitometria osea bianual, colonoscopia anual, especialmente si > 50 años. Vacunar hepatitis B si serología VHB (0-1-6 meses) (-) y de hepatitis A si < 45 años.

Capítulo 9: Protocolo diagnóstico de hepatocarcinoma

PROTOCOLO LOE HEPÁTICA EN CIRRÓTICO

Nombre: _____ Edad _____ H.C. _____

Médico responsable: Dr. _____ Fecha de inclusión: (__ / __ / __)

Etiología _____ Anteced. Familiares hepatocs. ___ (S / N)

Nº LOES hepáticas _____ Localización y diámetro LOE 1: segmento ___ / ___ cm.
Localización y diámetro LOE 2: segmento ___ / ___ cm.
Localización y diámetro LOE 3: segmento ___ / ___ cm.
Multicéntrico ( )
Otros datos: _____

TAMAÑO DE LOE MAYOR DIÁMETRO AL DGCO: _____

PRUEBA DE IMAGEN INICIAL _____ FECHA REALIZACIÓN (__ / __ / __)

SOLICITADO TAC o RMN dinámicas o ECO con potenciador de señal (S / N).

PATRÓN VASCULAR TÍPICO (S / N)
(Captación de contraste en fase arterial, seguido de lavado precoz en la fase venosa)

Alfafetoproteína _____ Enfermedades cardiovasculares _____
Enfermedad pulmonar _____
Enfermedad cerebrovascular _____
Otras neoplasias malignas sin remisión _____
Neoplasias en remisión o estables _____
Enfermedad renal _____ Creatinina _____ mg/dl

TROMBOSIS DEL EJE ESPLENO-PORTAL (S / N). Si trombosis: PARCIAL / COMPLETA.

CONTRAINDICADA CIRUGÍA O ANESTESIA (S / N)

1) ESTADIO DE CHILD-PUGH

Encefalopatía	Ninguna (1 punto)	Mínima (2 puntos)	Avanzada (3 puntos)
Ascitis	Ausente (1 punto)	Controlada (2 puntos)	Refractaria (3 puntos)
Bilirrubina (mg/dl)	< 2 (1 punto)	2-3 (2 puntos)	> 3 (3 puntos)
Albúmina (g/dl)	> 3,5 (1 punto)	2,8-3,5 (2 puntos)	< 2,8 (3 puntos)
T. protrombina (seg)	< 4 (1 punto)	4-6 (2 puntos)	> 6 (3 puntos)

CHILD-PUGH A: 5-6 puntos / CHILD-PUGH B: 7-9 puntos / CHILD-PUGH C: 10-15 puntos

HIPERTENSIÓN PORTAL ___ (S / N) DIÁMETRO V. PORTA _____ mm

VARICES ESOFÁGICAS ___ (S / N) TAMAÑO VARICES: pequeñas / grandes
ANTECEDENTE ASCITIS _____

2) ESTADIAJE OKUDA

* Tamaño tumor	< 50% hígado	(0 puntos)	> 50% hígado	(1 punto)
* Ascitis	No	(0 puntos)	Si	(1 punto)
* Albúmina (g/dl)	Mayor o igual 3	(0 puntos)	Menor de 3	(1 punto)
* Bilirrubina (mg/dl)	< 3	(0 puntos)	Mayor o igual 3	(1 punto)

0 puntos ---------- ESTADIO OKUDA I.
1-2 puntos --------- ESTADIO OKUDA II.
3-4 puntos --------- ESTADIO OKUDA III.

PERFORMANCE STATUS

- Totalmente activo, vida normal, asintomático ------------ ------------ PS ESTADIO 0.

- Escasos síntomas. Puede realizar actividades poco exigentes ------- PS ESTADIO 1.

- Capacidad de autocuidarse. > 50 % horas del día puede realizar sus actividades diarias -- PS ESTADIO 2.

- Dificultades autocuidado. Vida cama-sillón > 50% horas del día --- PS ESTADIO 3.

- Totalmente limitado. Sólo vida cama-sillón -------------------------- PS ESTADIO 4.

Criterios diagnósticos para el hepatocarcinoma

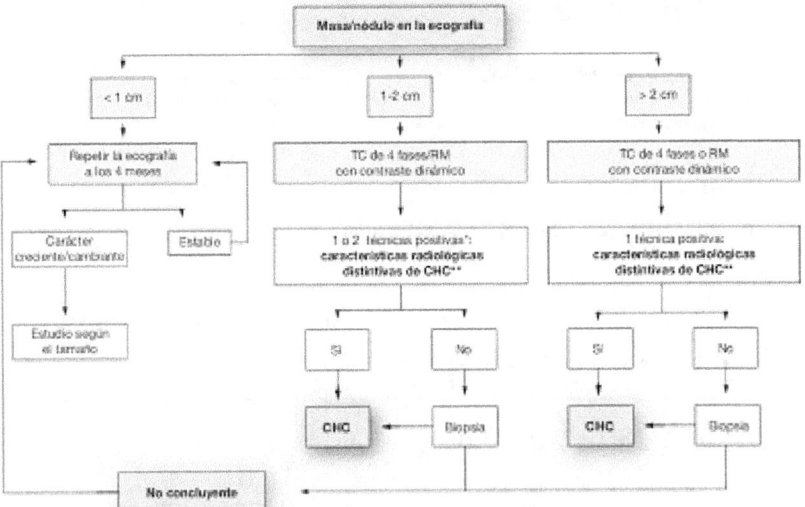

Tratamiento del hepatocarcinoma según clasificación BCLC

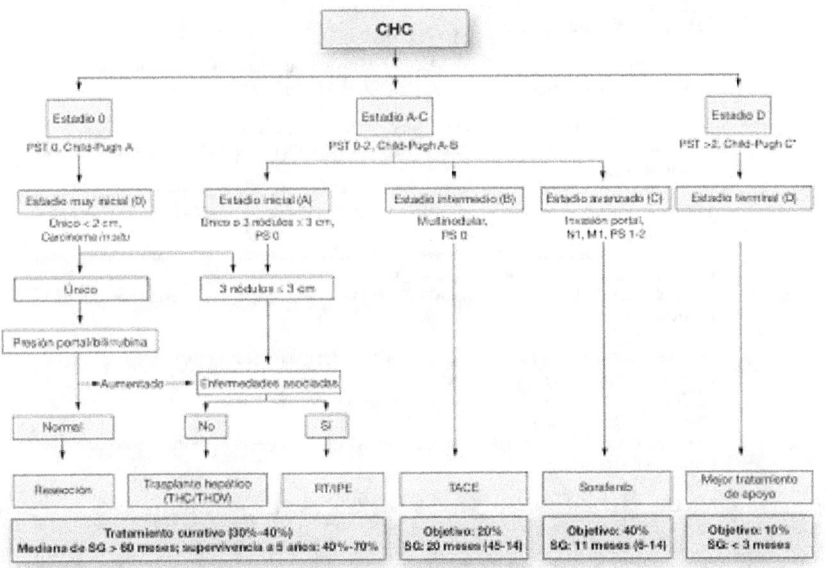

ESTADIAJE BARCELONA-CLINIC LIVER CANCER (BCLC)

❖ ESTADIO 0 BCLC:

PASO 1
Cirrosis hepática estadio A Child-Pugh
Performance Status estadio 0
LOE hepática única < 2 cm. (carcinoma in situ)

PASO 2
Hipertensión portal (S / N)
Bilirrubina total > 1 mg/dl (S / N)

A) Si AUSENCIA de todos los parámetros del PASO 2: *RESECCIÓN QUIRÚRGICA.*

B) Si alguno de los parámetros del PASO 2 está presente (S): RESECCIÓN DESCARTADA.

Se le ofertará a cambio:

- TRASPLANTE HEPÁTICO: ausencia de enfermedades que lo contraindiquen. Bajo riesgo quirúrgico o anestésico.
- RADIOFRECUENCIA o ALCOHOLIZACIÓN LOE: cirugía o anestesia contraindicadas o enfermedades graves.

❖ ESTADIO A BCLC (Estadio inicial):

- Cirrosis hepática estadio Child-Pugh A o B.
- LOE hepática única menor o igual a 5 cm / Un máximo de 3 LOEs hepáticas < 3 cm (Criterios de Milán).
- PERFORMANCE STATUS ESTADIO 0.

OPCIONES TERAPEÚTICAS:

- LOE hepática < 5 cm + Estadio OKUDA I + Ausencia hipertensión portal+ bilirrubina normal------ESTADIO A1 BCLC: *RESECCIÓN QUIRÚRGICA.*

    Si existe contraindicación de cirugía o anestesia, o bien, enfermedades con alto riesgo quirúrgico, se ofertará ALCOHOLIZACIÓN o RADIOFRECUENCIA, en especial cuando su diámetro sea < 4 cm.

- LOE hepática < 5 cm + Estadio OKUDA I + HIPERTENSIÓN PORTAL+ Bilirrubina normal------ESTADIO A2 BCLC:
  a) TRASPLANTE HEPÁTICO: ausencia de enfermedades que lo contraindiquen. Bajo riesgo quirúrgico o anestésico.
  b) RADIOFRECUENCIA o ALCOHOLIZACIÓN LOE: cirugía o anestesia contraindicadas o enfermedades graves.

- LOE hepática < 5 cm + Estadio OKUDA I + HIPERTENSIÓN PORTAL + ELEVACIÓN BILIRRUBINA---ESTADIO A3 BCLC:
  a) TRASPLANTE HEPÁTICO: ausencia de enfermedades que lo contraindiquen. Bajo riesgo quirúrgico o anestésico.
  b) RADIOFRECUENCIA o ALCOHOLIZACIÓN LOE: cirugía o anestesia contraindicadas o enfermedades graves.

- MÁXIMO 3 LOEs hepáticas < 3 cm + Estadio OKUDA I-II ----ESTADIO A4 BCLC:

a) TRASPLANTE HEPÁTICO: ausencia de enfermedades que lo contraindiquen. Bajo riesgo quirúrgico o anestésico.
b) RADIOFRECUENCIA o ALCOHOLIZACIÓN LOE: cirugía o anestesia contraindicadas o enfermedades graves.

Tanto el trasplante hepático (TOH), como la radiofrecuencia, como la alcoholización percutáneas son tratamientos curativos con una tasa de supervivencia a los 5 años: 50-70 %

ESTADIO B DE BCLC (Estadio intermedio):

- Cirrosis hepática estadio Child-Pugh A o B.
- PERFORMANCE STATUS Estadio 0.
- Estadio OKUDA I-II.
- VENA PORTA PERMEABLE.
- AUSENCIA DE DISEMINACIÓN NEOPLÁSICA EXTRAHEPÁTICA.
- AUSENCIA DE INSUFICIENCIA RENAL CLINICAMENTE SIGNIFICATIVA (creatinina < 1,4 mg/dl).
- COAGULOPATIA FACILMENTE CORREGIBLE CON VITAMINA K.
- No cumple criterios de Milán:
  * TUMOR MULTINODULAR con > 3 LOEs hepáticas
  * 3 LOES hepáticas con diámetro alguna de > 3 cm
  * LOE hepática única > 4 cm diámetro en el que el trasplante hepático, resección quirúrgica o anestesia estén contraindicada/as, alto riesgo quirúrgico, edad avanzada (> 70 años) con buena calidad de vida.

TERAPEÚTICA:

Si se cumplen todas y cada una de estos requisitos el paciente podrá ser tratado con QUIMIOEMBOLIZACIÓN por el Servicio de Radiología Intervencionista. El paciente será informado de riesgos y beneficios, teniendo que firmar un consentimiento informado. Se solicitará cita personalmente, presentando los datos clínicos y este protocolo al radiologo, quien nos facilitará una fecha de citación, fecha en que el médico responsable deberá ordenar ingreso urgente el día previo a la sesión de quimioembolización. Supervivencia mediana: 20 meses. Es un tratamiento PALIATIVO.

Tras 24 horas de estancia para vigilancia del sd. Post-embolización (fiebre, íleo y dolor abdominal), será dado de alta, asegurándonos que sea dado de alta con cita para un TAC de abdomen C/C al mes de haber recibido la primera sesión de quimioembolización como control evolutivo de esta terapeútica. Los intervalos para las sucesivas sesiones de quimioembolización es de 3-4 meses.

ESTADIO C DE BCLC (estadio avanzado):

- Cirrosis hepática estadio Child-Pugh A o B.
- Estadio de OKUDA I-II.
- PERFORMANCE STATUS I-II.
- Trombosis portal o invasión venas suprahepáticas (T3), invasión adenopática patológica (> 1 cm), conglomerados adenopaticos patológicos, no reactivos: (N),o bien, infiltración vesícula biliar o carcinomatosis o ascitis neoplásica (T4).

TERAPEÚTICA:

Se le puede ofertar el tratamiento paliativo con SORAFENIB, que tiene un supervivencia mediana de 11 meses. Es conveniente cursar Hoja de Consulta a Oncología Médica para que

Gestión eficiente de recursos diagnósticos en una consulta de Hepatología

valore la indicación de este tratamiento y valore necesidad ya de Unidad de Cuidados Paliativos. Elaborar ficha de paciente para el Hospital de Día, en caso de necesidad de paracentesis evacuadora de repetición en esta Unidad, elaborando un informe donde se especifique médico responsable, niveles de plaquetas y coagulación recientes, por si precisara previa a la paracentesis evacuadora transfusión de plaquetas o plasma.

ESTADIO D DE BCLC (Estadio terminal):

- Cirrosis hepática estadio Child-Pugh C.
- PERFORMANCE STATUS estadio 3-4.
- Estadio de OKUDA III.
- Supervivencia al año: 10 %.
- Se informará a la familia que el pronóstico del paciente es muy malo y sólo es candidato a tratamiento sintomático. Digestivo le dará de alta, remitiendolo a la Unidad de Cuidados Paliativos de Oncología.

CRIBADO DE HEPATOCARCINOMA:

Se realizará con ecografía de abdomen cada 6 meses en los pacientes con cirrosis hepática en estadio Child-Pugh A o B, así como casos seleccionados de Child-Pugh estadio C, que no tengan riesgo quirúrgico ni anestésico, y puedan ser candidatos razonables para un trasplante hepático, que sería la terapéutica para el hepatocarcinoma más efectiva, dado su mal pronóstico a corto plazo. Alfafetoproteina no es obligatoria, pero puede ayudar al diagnóstico en LOE > 2 cm.

SI ETIOLOGIA VHB CON REPLICACIÓN ACTIVA Y ES CANDIDATO A TRATAMIENTO CURATIVO O PALIATIVO, PERO NO SINTOMÁTICO:

En caso hallazgo de un hepatocarcinoma en un paciente con cirrosis hepática secundaria a hepatitis crónica VHB que vaya a ser candidato a tratamiento con trasplante hepático, iniciaremos tratamiento con antivirales con baja tasa de resistencia (Entecavir o Tenofovir) ajustado a la función renal. Control de DNA-VHB a las 12 y 24 semanas y controles trimestrales hasta ejecución del trasplante, en que será preciso negativizar la carga viral lo antes posible.

SI EL PACIENTE FUERA CANDIDATO A QUIMIOEMBOLIZACIÓN:

1) Asegurarse que no tiene insuficiencia renal.
2) Asegurarse que al vena porta no está trombosada o infiltrada en pruebas dinámicas realizadas en los 2 últimos meses antes de establecer la indicación.
3) Que el paciente no tenga trastorno de la coagulación severa. Valorar corrección con konakion.
4) Que sea informado de riesgos y acepte firmar consentimiento informado.
5) Tras cada sesión de quimioembolización, el médico de digestivo de planta deberá asegurase que ha sido citado para TAC o RMN c/c para dentro de 1 mes (no antes) como control evolutivo de tratamiento.

PAAF DE LOE HEPÁTICA

1) Sólo realizar en caso patrón vascular atípico de LOE > 2 cm en una prueba dinámica o en 2 pruebas dinámicas si LOE 1-2 cm.
2) Si coagulopatia que no normaliza con konakion, precisará antes de la PAAF transfusión de plasma en Hospital de Día (100 cc./cada 10 kg peso). Un paciente de 80 kg (800 cc. plasma).
3) Si plaquetopenia < 50000, se recomienda transfusión de plaquetas antes de la PAAF en el Hospital de Día (1 unidad de plaquetas/cada 10 kg). Un paciente de 80 kg (8 unidades de plaquetas).
4) Deberá citarse al paciente para darle toda la documentación para el Hospital de Día: consentimiento informado para transfusión de plasma o plaquetas, solicitud para banco de sangre, hoja de evolución donde se especifica la causa de ingreso en Hospital de Día, hoja de tratamiento, avisar a la guardia de MI, una vez realizada la PAAF, para que de el visto bueno de alta por la tarde si no complicaciones post-PAAF.

Capítulo 10: Quimioembolización hepática

Cuando reciba cita: firmar consentimiento informado, valorar estadio Child prequimio como máximo B7 (que se haya presentado previamente en sesión jueves), informar de riesgo al paciente y beneficios, si es portador VHB con viremia + (iniciar antivirales), reservar cama en admisión para entrada a las 18 horas el día antes de la prueba, comprobar que no tome aspirina o sintrom en DAE nada más que recibamos cita en consulta, para avisar al paciente que sustituya por HBPM, comprobar plaquetas y TP por si precisa transfusión de plasma o plaqueta preprocedimiento, ver si es alérgico al yodo.

Incluir en tratamiento del hospital. Cefazolina 1 gr iv 1 hora antes de procedimiento, seguido durante 5 días más con ciprofloxacino 500 mg/12 horas, lactitol (diabético) o lactulosa (no diabético), mantener sus medicaciones (diuréticos, norfloxacino y betabloqueantes), ajustar dieta (baja en sal, diabética, etc), paracetamol iv si tuviera fiebre y primperam iv cada 8 horas si tuviera nauseas o vómitos durante procedimiento.

Si TP > 1.5 poner Konakion iv.
Si plaquetas < 50000 poner plaquetas. Antes procedimiento.

SI QUIMIOEMBOLIZACIZACIÓN, RADIOFRECUENCIA O ALCOHOLIZACIÓN DE LOE HEPÁTICA

1ª SESIÓN DE _____ FECHA _____
FECHA DE TAC O RM _____ TAMAÑO LOE _____

2ª SESIÓN DE _____ FECHA _____
FECHA DE TAC O RM _____ TAMAÑO LOE _____

3ª SESIÓN DE _____ FECHA _____
FECHA DE TAC O RM _____ TAMAÑO LOE _____

4ª SESIÓN DE _____ FECHA _____
FECHA DE TAC O RM _____ TAMAÑO LOE _____

5ª SESIÓN DE _____ FECHA _____
FECHA DE TAC O RM _____ TAMAÑO LOE _____

FECHA FINAL TRATAMIENTO _____
RESPUESTA TERAPEÚTICA: Favorable (diámetro _____)

                                      Sin cambios

                                      Refractaria al tratamiento
                                      (diámetro _____)

REMITIDO A UNIDAD DE TRASPLANTE HEPÁTICO POST-TTO (S/N).

OTROS COMENTARIOS O NOTAS:
_____
_____
_____
_____

Capítulo 11: Protocolo enfermedad de Wilson

Nombre: _____ HC _____

Fecha inclusión ___/___/___ Edad _____

PROTOCOLO CLÍNICO:

- Edad 5-40 años (S / N)
- Antecedentes familiares de enfermedad de Wilson (S / N): _____
- Afectación hepática (S / N)
- Afectación neurológica (S/ N): temblor, disartria, sialorrea, ataxia.
- Anemia hemolítica Coombs (-) (S/ N).
- Enfermedad psiquiátrica (S / N)
- Presencia de Anillo de Kayser-Fletcher (S / N). Cataratas (S/ N).

PROTOCOLO LABORATORIO:

- Alteración perfil hepático (S / N). Creatinina _____ mg/dl
- GOT _____ UI/ml. GPT _____ UI/ml
- GGT _____ UI/ml. FA _____ UI/ml
- Bilirrubina total _____ mg/dl Bd _____ mg/dl Bi _____ mg/dl.
- Ceruplasmina < 20 mg/dl (S / N) _____ mg/dl. Confirmación (S / N)
- Cobre en orina en 24 horas elevado (> 100 mg/dl o >40 microg/24 h): (S/ N)
- Cobre sérico bajo (<80 mg/dl) _____ (S / N)
- VHB _____ VHC _____ VIH _____.
- ANA _____ AMA _____ anti-LKM _____ ASMA _____
- Anticuerpo transglutaminasa. Especificar valor _____
- Ferritina. En varón >300 (S / N). En mujer >250 (S / N).
- Índice de saturación de transferrina (IST): >45% (S / N)
- Alfa-1-antitripsina normal (S / N). Tiempo protrombina (TP) _____

ECOGRAFÍA-DOPPLER ABDOMEN:

- Contornos abollonados (S / N)
- Porta permeable dilatada (>12 mm), esplenomegalia y/o ascitis ecográfica (S / N). Pedir endoscopia oral.
- Porta trombosada. Pedir TAC con contraste, RMN o ecografía con potenciador. Descartar hepatocarcinoma. .....PROTOCOLO HEPATOCA.
- Venas suprahepáticas dilatadas. Pedir ecocardiografía, radiografía de tórax y Hoja de consulta a Cardio-MI.

Gestión eficiente de recursos diagnósticos en una consulta de Hepatología

BIOPSIA HEPÁTICA: Concentración hepática de cobre > 250 mg/g (normal / patológica).

POSIBILIDADES DIAGNÓSTICAS: (Marcar con O la correcta):
1. Ceruloplasmina < 20 mg/dl + Presencia Anillo de Kayser-Fletcher: diagnostico Enf. Wilson.
2. Ausencia de Anillo Kayser-Fletcher + alteración pefil hepático o Cupruria orina 24 h patológica (> 100 mg/dl o 40 microgramos/24h): BIOPSIA HEPÁTICA: [Cu hepático] >250 mg/g.
3. Presencia de Anillo Kayser-Fletcher + Ceruloplasmina normal: BIOPSIA HEPÁTICA.

TRATAMIENTO ESPECÍFICO:
1. CUPRIPEN (D-penicilamina) + BENADON (Piridoxina 300 mg). Envase con 30 Cápsulas de 250 mg o 30 comprimidos de 50 mg.
   - Efectos: cupriurético y cobre no tóxico.
   - Hidratación diaria importante: 2-3 litros de liquidos/dia.
   - Dosis en adultos: 2 o 4 tomas al dia con estómago vacio (1 hora antes comer o 2 horas después de comer y al acostarse): iniciar con 1 caps de 250 mg/dia e incrementar 1 cápsula cada semana, hasta alcanzar una dosis de 1000 (1-1-1-1 cáps/dia) o 1500 mg/dia (2-2-1-1 cáps/dia). Asociar BENADON (Piridoxina 1 comprimido/dia).
   - Dosis en niños: Iniciar con 20-30 mg/dia repartidos en 2 tomas con zumo de frutas). Máximo: 1000 mg/ dia (1-1-1-1 cáps/dia). Asociar BENADON (Piridoxina 1 comprimido/dia).
   - Trascurrido 1ª año de tratamiento: bajar dosis a 750 mg/dia de forma progresiva (1-1-1 cáps/dia).
   - Aclaramiento creatinina anual: si es < 50 ml/hora poner hoja de consulta a Nefrologia o sustituir por TRIENTINA (Syprine) o ACETATO DE ZINC (Galzin o Wilzin).
   - Bioquímica básica-hepática, hemograma mensuales por MAP: remitir si anemia, leucopenia, insuficiencia renal significativa.
   - Revisión oftalmológica anual: descartar cataratas secundaria a D-penicilamina.

- Pacientes con enfermedad neurológica puede empeorar durante el 1º mes de tratamiento. Informar a paciente y familiares.
- Pacientes asintomáticos con síntomas neurológicos durante el tratamiento: reducir dosis a 250 mg/día y aumentar dosis 1 cáps/semana hasta volver a dosis deseada.
- Monitorización:
    * Durante los 2 primeros meses de tratamiento: hemograma semanal. SUSPENDER CUPRIPEN si leucopenia < 3000, neutropenia < 2000 y/o plaquetopenia < 120000.
    * Durante 1º semestre de tratamiento: Cobre en orina 24 horas mensual. Objetivo inicial primeros meses de tratamiento: excreción urinaria de cobre 24 h de aprox. 2000 microgramos/día. A los 4-6 meses de tratamiento: descenso a < 500 microgramos/día.
    * Aclaramiento creatinina bimensual (1º semestre) y posteriormente cada 3-6 meses.
    * Meses 3º-12 de tratamiento: hemograma, perfil básico-hepático, orina mensual. SUSPENDER CUPRIPEN si proteinuria > 2 gramos/día.
    * A partir 7º mes de tratamiento: Cobre en orina 24 horas cada 3-6 meses.
- Efectos secundarios: (Marcar con O la que ocurra):
    * Reacción de hipersensibilidad a CUPRIPEN (a los 7-12 días de inicio tto.): fiebre, erupción maculo-papulosa pruriginosa, adenopatías, leucopenia, trombopenia: SUSPENDER CUPRIPEN hasta resolución cuadro clínico. REINICIAR CUPRIPEN a dosis baja (250 mg/día o 1 cáp/día) hasta la dosis deseada (1000-1500 mg/día) + PREDNISONA 30 mg/día + Calcio + vitamina D/12 horas (mientras tome esteroides) durante 2 semanas, para ir reduciendo dosis de prednisona semanal de forma progresiva hasta finalmente suspender. AUMENTAR dosis de CUPRIPEN semanalmente hasta dosis deseada (1000-1500 mg/día). Si volviera a presentar este acontecimiento adverso, sustituir por TRIENTINA (Syprine) o ACETATO DE ZINC (Galzin o Wilzin).
    * Lupus eritematoso sistémico, síndrome de Goodpasture, síndrome nefrótico, pénfigo, miastenia gravis, polimiositis, gigantismo mamario,

disgeusia, aftosis bucal y elastosis perforans serpinginosa: SUSTITUIR Cupripen por TRIENTINA o WILZIN.
- NO SUSPENDER CUPRIPEN durante la GESTACIÓN: no efectos nocivos para el feto.
- NO DAR LACTANCIA MATERNA con CUPRIPEN.
- Si cirugía o cesárea: REDUCIR DOSIS CUPRIPEN a 250 mg/día (1 cápsula/día) 1,5 mes antes de intervención quirúrgica.

2. **TRIENTINA (Syprine):** Envase de 100 cápsulas de 250 mg. (Medicamento extranjero)
   - Cupriurético (igual efecto que D-penicilamina).
   - **Dosis inicial:** 750-1500 mg/día en 2-3 dosis: (1-1-1 cáps/día) hasta (2-2-2 cáps/día) 30 minutos antes de las comidas. AÑADIR SULFATO FERROSO 1 comprimido/día a las 3 horas de la trientina.
   - **Dosis de mantenimiento:** 750-1000 mg/día (1-1-1 cáps/día) hasta (1-1-2 cáps/día).
   - **Efectos secundarios:** gastritis hemorrágica, disgeusia, rash cutáneo, colitis, duodenitis.
   - **Reducir dosis durante gestación (3º trimestre).**
   - **Monitorización:** Cupruria 24 h entre 200-500 microgramos/día.

3. **ACETATO DE ZINC (Wilzin):** Envase 250 cápsula de 25 y 50 mg.
   - Inhibe absorción intestinal de Cobre.
   - **Dosis adulto:** 150 mg/día en 3 tomas (1 cápsula 50 mg cada 8 horas) 1 hora antes comidas.
   - **Dosis niños y GESTACIÓN:** 75 mg/día en 3 tomas (1 cápsula 25 mg cada 8 horas)
   - **Reducir dosis en embarazo.**
   - **No usar en lactancia.**
   - **Efectos secundarios:** gastritis, elevación amilasa y lipasa, pancreatitis aguda.
   - **Buen cumplimiento terapeútico:** Zinc orina > 2 mg/día

RECOMENDACIONES GENERALES EN CIRROSIS ENF. WILSON:

1. **Dieta sin vísceras (hígado, riñones), mariscos, setas, champiñones, chocolate, patés, frutos secos, brócoli.**
2. **NO CONSUMIR ALCOHOL**
3. **Propanolol 10 mg/12 horas.** Indicación: presencia de varices esofágicas grado II-IV y/o puntos rojos o antecedente de HDA variceal. Aumentar dosis progresivamente hasta reducir frecuencia cardiaca 55-60 lpm. **Contraindicado:** insuficiencia cardiaca.
4. Si ascitis: **Espironolactona 100-300 mg/día** (Dosis___/___/___) Aldactone por la mañana). Control del potasio (k) y creatinina. **Precaución:** cuando ausencia de edemas maleolares. Control excreción iones orina 24 horas en los 2 primeros meses de tratamiento diurético.
5. Si ascitis: **Furosemida 40-80 mg/día** (Seguril por la mañana): Dosis___/___/___). Control excreción sodio orina 24 horas, creatinina y edemas maleolares. No debe emplearse sólo sin asociarlo a Espironolactona.
6. **Norfloxacino 400 mg/24 h:** si ha tenido ascitis.
7. **Lactitol 1 sobre al día** (si diabético) o **Lactulosa 1 sobre/día** (en no diabético) si estreñimiento.
8. **Fitomenadiona** 2 ampollas im. cada 15 días si TP alargado.
9. **Clormetiazol 1-2 comprimidos por la noche** (si insomnio). Evitar sedantes como Valium o Tranxilium (riesgo encefalopatía hepática).
10. **Vacunar gripe anual (Influenza) y neumococo cada 5 años.**
11. **Vacunar Virus hepatitis B:**
    a. 3 dosis de 20 microgramos/ml de Recombivax ^{R} a los 0,1 y 6 meses o bien 4 dosis de 20 microgramos/ml de Engerix-B ^{R} en el deltoide en los meses 0,1,2 y 6 meses. Comprobar a los 2 meses de finalizado este 1º ciclo títulos anti-HBs (debe ser > 10 mIU/ml).
    b. En caso contrario, revacunar con vacuna VHB a dosis doble (3 dosis 40 microgramos/ml de Recombivax ^{R} a los 0, 1 y 6 meses) o bien emplear (2 dosis juntas de 20 microgramos/ml de Engerix-B ^{R} en ambos deltoides administradas los meses 0, 1, 2 y 6 meses). Volver a medir títulos de Anti-HBs a los 2 meses de finalizar 2º ciclo. Hacer esta pauta en hemodiálisis
12. **Vacunar Virus hepatitis A:** 2 dosis Havrix ^{R} o Vaqta ^{R} a los 0 y 6 meses.

FM Jiménez Macías

Capítulo 12: Protocolo de hemocromatosis

Nombre: _____ HC_____

Edad_____ Fecha inclusión____/____/_____

CLÍNICA (Marcar con O lo correcto)

- Antecedentes familiares de hemocromatosis (S / N):
- Grado parentesco (abuelo / padres / hermanos / hijos) si hubiera.
- N° familiares afecto_____
- Patología cardiaca: cardiomegalia (S / N), insuficiencia cardiaca (S/ N), disnea de esfuerzo (S / N).
- Diabetes mellitus (S / N).
- Patologías endocrinológicas. Si existe especificar_____
- Amenorrea (S / N) o Impotencia (S / N).
- Artralgia o artritis crónica (S / N). Especificar articulaciones_____
- Pancreatitis aguda o pancreatitis crónica (S / N)
- Hiperpigmentación cutánea (S / N).

LABORATORIO

- Alteración del perfil hepático (S / N): GPT_____ GOT_____ GGT_____ FA_____ Bt_____
- Ferritina_____ > 300 ng/ml en varón o > 250 ng/ml en mujer: S / N
- Índice de saturación de transferrina (IST)_____ % (IST> 45 % S / N): Sideremia (micromol/lt) / Transferrina (g/lt) x 100.
- Estudio genético de hemocromatosis POSITIVO(S / N)
- C282Y homocigoto (S / N)
- C282Y heterocigoto (S / N)
- H63D homocigoto (S / N)
- H63D heterocigoto (S / N)
- Otras mutaciones detectadas (S / N): Especificar cúal_____

ANALÍTICA:

- Índice de Saturación transferrina (IST) > 45 % = [sideremia (micromol/litro) /transferrina (g/l)] * 100
- Ferritina > 300 ng/ ml (Varones) o > 250 ng/ml (Mujer).

Gestión eficiente de recursos diagnósticos en una consulta de Hepatología

- Ferritina < 1000 ng/ml ....Ausencia de cirrosis hepática.
- Ferritina > 1000 ng/ml + hepatomegalia o elevación GPT......Cirrosis (50%)

BIOPSIA HEPÁTICA (S / N)

- Concentración de Hierro Hepático (CHH) = _____ (miligramos/gramos) / 56 = _____ mmol/gramos.
    * Valor normal CHH < 35,8 mmol/g en VARÓN.
    * Valor normal CHH < 28,6 mmol/g en MUJER.
- Índice hepático de hierro (IHH) = CHH (mmol/g) / edad (años).
    * IHH > 1,9 ....Hemocromatosis hereditaria.
    * IHH < 1,9 ....Hemocromatosis secundaria.

POSIBILIDADES DIAGNÓSTICAS:

A) *TEST GENÉTICO POSITIVO:*

1. Perfil hepático normal + Ferritina normal + IST > 45 % + Test genético HFE (+)
   EVALUACIÓN ANUAL.

2. Perfil hepático alterado o normal + Ferritina > 300 ng/ml + IST > 45 % + Test genético HFE(+):
   NO BIOPSIA HEPÁTICA + FLEBOTOMIAS

3. Perfil hepático alterado o normal + Ferritina >1000 ng/ml + IST >45 % + Test genético HFE (+):
   PEDIR BIOPSIA HEPÁTICA + FLEBOTOMIAS.

B) *TEST GENÉTICO NEGATIVO*

1. Ferritina normal + IST > 45 % + perfil hepático normal + Test genético HFE(-):
   SE DESCARTA HEMOCROMATOSIS.

2. **Ferritina > 300 ng/ml + IST > 45 % + perfil hepático normal + test genético HFE (-):**
   INDICAR BIOPSIA HEPÁTICA:
   - Si IHH > 1,9 .... INDICAR FLEBOTOMIAS.
   - Si IHH < 1,9 .... SOBRECARGA SECUNDARIA DE HIERRO.

   Hacer hoja de consulta a Hematología.

3. **Ferritina > 300 ng/ml + IST > 45 % + perfil hepático alterado + test genético HFE (-):**
   INDICAR BIOPSIA HEPÁTICA:
   - Si IHH > 1,9 .... INDICAR FLEBOTOMIAS.
   - Si IHH < 1,9 .... SOBRECARGA SECUNDARIA DE HIERRO.

   Descartadas otras etiologías de hepatopatía crónica, hacer hoja de consulta a Hematología.

TRATAMIENTO DE INICIO:

1. FLEBOTOMIAS SEMANALES de 500 ml de sangre completa.
2. Duración aproximada para depleción total: 2-3 años.
3. Descenso Ferritina (3 meses primeros): 12 flebotomias): descenso 125 ng/ml por flebotomia.
4. Descenso Ferritina (4º mes y sucesivos): descenso 62 ng/ml por flebotomia.

5. **MONITORIZACIÓN:**
   * DETERMINAR FERRITINA e IST cada 3 MESES (Consulta de Digestivo).
   * Determinar HEMOGLOBINA MENSUAL (Consulta de Atención Primaria).

6. **OBJETIVOS:**
   - FERRITINA < 50 % E IST < 50 %
     OBLIGATORIO PARA SUSPENDER FLEBOTOMIAS.
   - ALCANZAR una valor Hb = 11 g/dl
   - Normalizar el perfil hepático.

TRATAMIENTO DE MANTENIMIENTO:

- Se inicia cuando IST < 50 % y ferritina < 50 ng/ml.
- FLEBOTOMIAS TRIMESTRALES de mantenimiento.
- Normalización del perfil hepático.
- Desaparece en ecografía la hepatomegalia en 50 % casos.
- Abstinencia absoluta a bebidas alcohólicas.
- Evitar cítricos (naranja, tomate, etc)
- Evitar tratamiento con hierro oral y vitamina C (aumenta absorción hierro).
- Recomendar tomar té (buen quelante del hierro).
- CIRROSIS HEPÁTICA POR HEMOCROMATOSIS: screening ecográfica cada 6 meses para descartar LOEs hepáticas y SI HIPERTENSIÓN PORTAL (diámetro vena porta > 12 mm) solicitar endoscopia oral (descartar varices E-G).

DESCARTAR OTRAS PATOLOGÍAS ASOCIADAS:

1. **DIABETES MELLITUS:** control glucemias y hemoglobina glicada.
2. **CARDIOPATIA:** Radiografía de tórax + Ecocardiografía.
3. **Si hipogonadismo central:** Enantato de testosterona 250 mg/ mes IM.
4. **Artropatía o artralgias:** AINES (precaución control creatinina).

CONTRAINDICACIONES PARA FLEBOTOMIAS:

- Anemia (habitual en determinados pacientes cirróticos).
- Miocardiopatía grave.
- Cardiopatía isquémica inestable.

USAR QUELANTES DEL HIERRO: Desferrioxamina 20-50 mg/kg/día en infusión continua.

DESPISTAJE FAMILIARES HEMOCROMATOSIS

1. Hacer test genético HFE a familiares de 1° grado: padres, hermanos e hijos.
2. **Si test genético HFE (+):** determinar ferritina e IST.
3. **Si ferritina normal:** evaluar FERRITINA ANUAL.
4. **Si ferritina > 300 ng/ml y < 1000 ng/ml:** indicar flebotomias semanales, sin necesidad de biopsia hepática y monitorización convencional.

5. **Si ferritina > 1000 ng/ml:** solicitar BIOPSIA HEPÁTICA e INDICAR FLEBOTOMIAS SEMANALES, con monitorización especial (endoscopia oral y eco abdomen semestral) si cirrosis hepática (F4) confirmada.
6. **Si TEST GENÉTICO NEGATIVO en familiares:** solicitar ferritina + IST en ayunas (en dos ocasiones) a partir los 15 años de edad. Si ferritina e IST patológicos solicitar BIOPSIA HEPÁTICA (cuantificar IHH).

VACUNAS OBLIGATORIAS:

1. **Vacunar Virus hepatitis B:**
    a. 3 dosis de 20 microgramos/ml de Recombivax ^{R} a los 0,1 y 6 meses o bien 4 dosis de 20 microgramos/ml de Engerix-B ^{R} en el deltoide en los meses 0,1,2 y 6 meses. Comprobar a los 2 meses de finalizado este 1º ciclo títulos anti-HBs (debe ser > 10 mIU/ml).
    b. En caso contrario, revacunar con vacuna VHB a dosis doble (3 dosis 40 microgramos/ml de Recombivax ^{R} a los 0, 1 y 6 meses) o bien emplear (2 dosis juntas de 20 microgramos/ml de Engerix-B ^{R} en ambos deltoides administradas los meses 0, 1, 2 y 6 meses). Volver a medir títulos de Anti-HBs a los 2 meses de finalizar 2º ciclo. Hacer esta pauta en hemodiálisis
2. **Vacunar Virus hepatitis A:** 2 dosis Havrix ^{R} o Vaqta ^{R} a los 0 y 6 meses.

Capítulo 13: Protocolo cirrosis hepática

PROTOCOLO ANALÍTICO (Marcar con un O el item correcto):

- **Enolismo activo o exbebedor excesivo** (>80 etanol, VCM y GGT elevados)
- **VHB.** Si es AgHBs (+), pedir DNA-VHB.
- **VHC.** Si es anti-VHC (+), pedir genotipo y RNA-VHC.
- **VIH**
- **Alfafetoproteina.** Si es patológica especificar valor inicial_____
- **Alfa-1-antitripsina** (especialmente si es EPOC).
- **Ceruplasmina.** Especificar valor inicial_____. Solicitar si enfermedad neuropsiquiátrica.
- **ANA.** Especificar valor_____
- **AMA.** Especificar valor_____
- **Anti-LKM.** Especificar valor_____
- **Anti-SMA.** Especificar valor_____
- **Anticuerpo transglutaminasa.** Especificar valor_____
- **Ferritina.** En varón >300 (S / N). En mujer >250 (S / N).
- **Índice de saturación de transferrina (IST):** >45% (S / N). Pedir si ferritina alta, hiperpigmentación cutánea y/o diabetes mellitus.
- **Cupruria 24 horas,** en caso de ceruloplasmina baja.
- **Crioglobulinas en sangre y orina,** si lesiones cutáneas, neuropatías en MMII.
- **Porfirias en orina,** si lesiones cutáneas fotosensibles.

ECOGRAFÍA-DOPPLER ABDOMEN:

- **Contornos abollonados (S / N)**
- **Porta permeable dilatada** (>12 mm), esplenomegalia y/o ascitis ecográfica (S / N). Pedir endoscopia oral.
- **Porta trombosada** (S / N). Pedir TAC con contraste, RMN o ecografía con potenciador. Descartar hepatocarcinoma. ....PROTOCOLO HEPATOCA.
- **Venas suprahepáticas dilatadas** (S / N). Pedir ecocardiografía, radiografía de tórax y Hoja de consulta a Cardio-MI.

CLÍNICA: Hace la dieta sin sal (S/ N). Refiere beber alcohol (S / N). Apetito conservado (S / N). Peso (ganancia/pérdida). Aumento del perímeto abdominal (S / N). Edemas maleolares (S / N). Duerme bien (S / N).

RECOMENDACIONES GENERALES (Marcar con O lo que se prescriba):

1. **Dieta sin sal o hiposódica.** Aliños: sal sin sodio (Mercadona). Limón. Evitar bebidas con gas. NO CONSUMIR ALCOHOL.
2. **Paracetamol o Metamizol magnésico** si fiebre o dolor. Evitar AINEs.
3. **Omeprazol 20 mg (envase 28 cps)**: 1 comprimido al día.
4. **Propanolol 10 mg/12 horas. Indicación:** presencia de varices esofágicas grado II-IV y/o puntos rojos o antecedente de HDA varicela. Aumentar dosis progresivamente hasta reducir frecuencia cardiaca 55-60 lpm. **Contraindicado:** insuficiencia cardiaca.
5. **Espironolactona 100-300 mg/día** (Dosis___/___/___) **Aldactone** por la mañana). Control del potasio (k) y creatinina. **Precaución:** cuando ausencia de edemas maleolares. **Control excrección iones orina 24 horas.**
6. **Furosemida 40-80 mg/dia (Seguril** por la mañana): Dosis___/___/____). Control excrección sodio orina 24 horas, creatinina y edemas maleolares. No debe emplearse sólo sin asociarlo a Espironolactona.
7. **Norfloxacino 400 mg/24 h:** si ha tenido ascitis.
8. **Lactitol 1 sobre al día** (si diabético) o **Lactulosa 1 sobre/día** (en no diabético) si estreñimiento. **Fitomenadiona** 2 ampollas im. cada 15 días si TP alargado.
9. **Clormetiazol 1-2 comprimidos por la noche** (si insomnio). Evitar sedantes como Valium o Tranxilium (riesgo encefalopatía hepática).
10. **Calcio + vitamina D 1 comprimido al día.**
11. **Vacunar gripe anual (Influenza) y neumococo cada 5 años.**
12. **Vacunar Virus hepatitis A:** 2 dosis a los 0 y 6 meses (Havrix [R] o Vaqta [R]).
13. **Vacunar Virus hepatitis B:**
    a. Vacunar VHB a dosis doble (3 dosis 40 microgramos/ml de Recombivax [R] a los 0, 1 y 6 meses) o bien emplear (2 dosis juntas de 20 microgramos/ml

de Engerix-B ᴿ en ambos deltoides administradas los meses 0, 1, 2 y 6 meses). Determinar títulos de Anti-HBs a los 2 meses de finalizar 2º ciclo.

b. Si los títulos anti-HBs < 10 mIU/ml a los 2 meses de finalizar el 1º ciclo de vacunación, se podrá revacunar a las dosis anteriores.

Capítulo 14: Protocolo reactivación hepatitis B

1. **Grupos de alto riesgo de reactivación:**
   - Trasplante de progenitores hematopoyéticos.
   - Cáncer de mama.
   - Linfoma no Hodking
   - Regímenes terapéuticos con corticoides a altas dosis.
   - Rituximab
   - Otros tratamiento biológicos (Humira, Remicade, etc).
   - Cirrosis hepática.
   - Inmigrantes procedentes de Asia, África, Europa del Este, Latinoamérica

2. Antes de iniciar tratamiento esteroideo, biológico, inmunosupresor o quimioterápico, hacer cribado de infección por virus hepatitis B (VHB) solicitar:

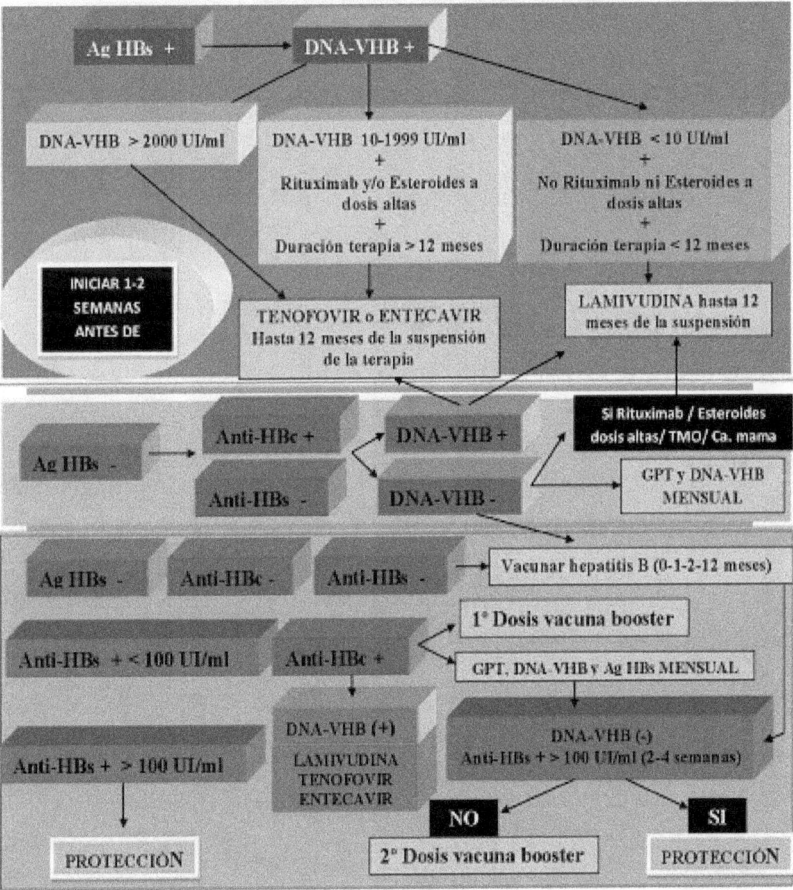

Notas

FM Jiménez Macías

www.ingramcontent.com/pod-product-compliance
Lightning Source LLC
Chambersburg PA
CBHW070431180526
45158CB00017B/970